L'VNIVERS...

DISPOSITION

DV CIEL.

Pour l'An de Grace 1649.

DEDIE'E
Au Tres - Sereniſſime
ARMAND DE BOVRBON,
Prince de Conty, &c.

Par I. Mittannovr, Aſtronome
de ſon Alteſſe de Conty.

A PARIS,
Chez Thomas la Carriere, ruë S. Iacques, prés S. Yues.
Auec Permiſſion.

A SA
TRES-SERENISSIME
ALTESSE DE CONTY.

ארמון די די באר בינה׃

Midraſchticè.

Propugnaculum Arx ſufficiens
ſufficientia cui puteus intelligentia
prudentia.

DE VOSTRE ALTESSE,

Tres-humblē, tres-obeïſſant
& tres-fidele ſerviteur,
I. MITTANNOVR,

A ij

EFFECTION
Selon l'Intelligente Cabbale Astrologique.

L'An mil six cens quarante neuf,
Trois fois le Soleil patira,
Deux fois tout Lune noircira:
Turcs accablez par * Lion & ☾ Bœuf:
Venise triomphe de gloire,
Dalmatie s'esiouyt de victoire.
Venus au Cancre Retrograde
Geneue en confusion de garde:
Mercure Direct au Lion
Fait Sauoye exaltation.
En Mars Portugal triomphant
Reduit la Hollande au neant.
Saturne au Signe ♊ d'Angleterre
Met tous ses heretiques en guerre.
Et Iupiter conjoint à Mars
Fait regner la Paix & les Arts
En tout la France & l'Allemagne,
En Italie, & en Espagne.

L'VNIVERSELLE

DISPOSITION DV CIEL.

Pour l'An de Grace 1649.

APOTELESMA.

Post mille expletos à partu virginis Annos,
Et post sexcentos, transcurrendo, numeratos,
Quadragesimus & nonus mirabilis Annus
Abdita Cæli monstrat, pandit talia fata,
Ter patitur Sol, Lunaque tunc bis mergitur omnis,
Sol Turcas affligit, Luna ad Tartara mittit,
In Libra sunt Iupiter & Mars, Ergo datur Pax.
Hæc scripsit cunctis rata nuntia prouidus Hermes.

IANVIER.

LE premier iour à vnze héures du soir, le trine aspect de Iupiter à Venus sera le Ciel serain & moderé : alors il se celebrera dés illustres assemblées astronomiques.
Le 3. à midy, le trine aspect de Saturne à

Venus cauſera de la neige & pluye. Les goutteux & hidropiques auront quelque peu d'alegement.

Le 5. à 10. heur. du ſoir, au trine aſpect du Soleil à Mars, ſouflera Syriacus. Nobles humiliez exaltez.

Dernier quartier le 6. à 28. min. du matin, pruine. Conſeil bien ruminé.

Le 10. Mercure eſtant en ſon grand eſloignement du Soleil fera ſouſter Aquilo auec neige, promet auſſi abondance de volatiles.

Nouuelle Lune le 12. à 11. h. 26. min. du ſoir, temps glacial. Meneſtriers & Muſiciens malvoulus.

Le 17. Mars Retrograde mettra en campagne Subſolanus. La chaſſe ſera tres-difficile.

Le 20. à 4. heures du ſoir, au quart aſpect de Iupiter à Mercure ſoufflera Græcus : alors grand ſuccés aux gens doctes.

Premier quartier le 20. à 8. h. 13. minut. du ſoir, temps couuert. Diſſimulateurs deſcouuerts.

Le 23. Iupiter Retrograde cauſera pruine & pluye. Iuriſtes & Scribes endormis.

Le 25. à 5. h. du ſoir au trine aſpect de Mars à Mercure ſoufflera Eureus ; alors profonde ſpeculation.

Le 26. à 11. h. du soir le quart aspect de Saturne à Venus causera des broüillards. Mortalité au sexe feminin.

Le 28. à midy le trine aspect de Saturne à Iupiter, & le trine aspect du Soleil à Saturne à 3. h. du soir, promettent abondance de neige; alors l'on s'assemblera pour la paix.

Pleine Lune le 28. à vne heure 46. min. apres midy, blanche gelée. Les vomissemens tres dangereux.

Le mesme iour a 3. h. du soir, au trine aspect de Iupiter au Soleil, soufflera Circius pruinant. Abondance d'Aquatiles.

Le 31. à vnze heures du soir, l'opposition de Mars à Venus causera de la pluye. Plusieurs seront affligez de catarres.

FEVRIER.

DErnier quartier le 4. à 8. heures 38. min. du matin, broüillards. Embusches surprises.

Le 7. Saturne Direct, grande moderation en l'air. Vieillards en auctorité & credit.

Le 9. à vne heure apres midy au trine aspect de Iupiter à Mercure soufflera Subsolanus. On examinera le grãd œuure des Philosophes

Et à neuf heures du soir le trine aspect de Saturne à Mercure menace de neige. Inuention d'vn thresor.

Nouuelle Lune l'vnziesme à deux heures 32. min. apres midy, pluye. Naufrages de nauires.

Le 19. au grand matin le quart aspect de Saturne à Mars fera souffler Maëstrus. La Morphée affligera les delicieux.

Le mesme iour à midy, l'opposition de Iupiter à Venus moderera l'air. Orateurs en mespris.

Premier quartier le 19. à 5. h. 25. minutes du soir, gresil. Grandes douleurs aux espaules, bras & mains.

Le 20. à 4. h. du soir le sextil aspect de Saturne à Venus fera souffler Garbinus. Vehemente tempeste.

Le 25. à 3. h. du matin, l'opposition du Soleil à Mars causera de la pruine, & en mesme temps Mars Occidental, gens d'armes caffez.

Et à 3. h. du soir à l'opposition de Mars à Mercure soufflera Syriacus. La pesche fauorable.

Le 26. à 11. h. du matin à la syzygie du Soleil auec Mercure continuera le susdit vent, & alors Mercure Occidental. Tempeste.

Pleine Lune le 27. à vne heure 27. min. du matin, blanche gelée. Bien venus de la mer.

Et à 4. h. du matin le quart aspect de Saturne

à

à Mercure fera souffler Libonotus. Grande
& difficile entreprise.

Et à 7. h. du soir le quart aspect de Satur-
au Soleil continuera ce vent. Chef-d'œuure metalic.

* * *

MARS.

DErnier quartier le 5. à 5. heures 19. m.
du soir, gresle & gresil. Grande res-
jouyssance.

Le 11. à midy le trine aspect de Mars à
Venus promet de la pluye & gresle. La litterature releuée.

Le 12. à 7. h. du soir à l'opposition de Iupiter à Mercure soufflera Fauonius, medio-
cre temperature.

Nouuelle Lune le 13. à six heu. 50. min.
du matin, pluye. Flotte à bon port.

Le 15. à 7. h. du matin le sextil aspect de
Saturne à Mercure fera souffler Fauonius,
abondance de pluye.

Premier quartier le 21. à 11. heures
1. minut. du matin, temps moderé. Fait
magnanime. L'arriuée des Arondelles.

Le 23. Mercure en son grand esloignement
du Soleil augmentera vn peu la chaleur. Bon
emps pour la pesche.

B.

Le 24. à 4. h. du foir à l'oppofition du Soleil à Iupiter foufflera Græcus, & en mefme
temps Iupiter Occidental. Scribes fans
pratique.

Pleine Lune le 28. à 11. heur. 6. min.
du matin, le ciel pomelé. Bonnes nouuelles.

· ·

AVRIL.

LE premier iour à neuf heures du matin
le fextil afpect du Soleil à Saturne fera
fouffler Maëftrus. Deliberation profitable.
Vers le midy Mercure Retrograde mettra
Subfolanus en campagne. La Talipanto-
manie en moult danger.
Le 2. à 8. heures du foir le quart afpect de
Mars à Venus menace de miellé aux arbres.
Fait horrible.

Dernier quartier le 4. à 3. h. 5. minut. du
matin, beau temps. Affemblée Scholaftique
bien eftounée, &c.
Le 7. Mars Direct fera fouffler Phœnicias. Entreprife bien confiderée.
Et à 5. heures du foir le trine afpect de Iupiter à Venus fera vn temps fort moderé.
Obferuation remarquable.
Le 10. à dix heures du matin à la fyzygie

du Soleil auec Mercure soufflera Fauonius, & en mesme temps Mercure Oriental. Supputateurs en honneur.

Nouuelle Lune le 11. à 11. h. 40. minut. du soir, corulcations, fievres aigues.

Le 17. à midy le trine aspect du Soleil à Mars fera souffler Syriacus; fait industrieux. Et à 5. heures du soir la syzygie de Saturne auec Venus continuera encor le susdit vent. Stratageme trompeux.

Le 19. à 11. du soir le sextil aspect de Venus à Mercure fera le Ciel clair & net. Obseruation critique.

Premier quartier le 20. à vne h. 42. min. du matin, pluye & tonnerre. Ambassadeur bien receu.

Le 25. Mercure Direct nous amenera Fauonius. Curieuse recherche.

Pleine Lune le 26. à 7. h. 20. minut. du soir, pluye. Infirmité sur le pecorage.

Le 28. Venus en son grand esloignement du Soleil fera souffler Libonotus. La saignée tres-dangereuse.

M A Y.

Ernier quartier le 3. à 2. h. 8. minut. apres midy, pluye. Violence surmōtée.

Le 4. à 6. h. du soir au quart aspect de Iupiter à Venus soufflera Auster. Mortalité sur les grands delicats.

Le 6. à 11. h. du matin le sextil aspect de Mars à Venus causera de la pluye. Vn Plenipotentiel en infirmité mortelle.

Le 9. Mercure en son grand esloignement du Soleil fera souffler Phœnicias. Abondance de hanetons.

Nouuelle Lune le 11. à 4. h. 2. min. apres midy, beau temps. Grand edifice entrepris.

Le 15. à 10. h. du matin, Iupiter en quincunx aspect esloigné 150. degrez de Mercure mettra Affricus en campagne; alors les Gyrouagues par les montagnes.

Premier quartier le 19. à 11. h. 54. min. du matin, temps estuant & bruslant, douleurs de cœur & d'estomach.

Le 20. à 8. h. du matin le trine aspect du Soleil à Iupiter, & le trine aspect de Mars à Mercure feront souffler Eurus. Les viures à vil prix.

Pleine Lune le 26. à 2. h. 52. minutes du matin temps clair & net, & en mesme temps l'Ombre de la Terre nous eclipsera plus que totalement la Lune sçauotr de 21. Doigts 41. minutes, son commencement d'incidence sera à vne heure 2. m. du matin, sa submersion sera à vne heure 57. min. son milieu à deux heures 52. min. son emersion sera à 3. h. 47. min. & sa fin sera à 4. heur. 42. min. sa couleur sera tres-noire, selon la doctrine du Maistre Astrologue Roy Alphonse : icelle Eclipse causera de tres grandissimes langueurs aux Oyseaux Rapaces, & Maltos l'espace de trois mois & vingt iours, car toute sa duration sera trois heures 40. minutes.

Le 27. à 8. h. du matin au sextil aspect de Venus à Mercure soufflera Auster, bon temps à prendre medecine. Et vers le midy Iupiter Direct sera souffler Græcus. L'Equité tronisante.

I V I N.

LE premier à six heures du soir le quart aspect du Soleil à Mars causera foudre & tonnerre. Soldats en grand desordre.

Dernier quartier le 2. à 3. h. 9. min. du matin, pluye. Tristesse fataile. Et à 3. heur. apres midy au trine aspect de Iupiter à Mercure soufflera Libonotus. Capitous en consultation du temps.

Le 10. au poinct du matin le quart aspect

de Mars à Mercure fera le Ciel coruſcant.
Maladie & mortalité ſur les brebis.

Nouuelle Lune le 10. à 7. h. 5. min. du matin, temps clair & net : Et au meſme temps le corps de la Lune nous eclipſera le Soleil de 4 Doigts 44. minutes, ſon commencement ſera à 5. h. 35. min. du matin. ſon milieu à 7. h. 5. m. & ſa fin á 8. h. 35. m. ſa couleur ſera iaunatre : icelle Eclipſe cauſera grands changements aux Eſtats heretiques l'eſpace de trois ans : car toute ſa duration ſera trois heures. Ie renuois les doctes curieux á noſtre grand Maiſtre Thomas Campanelle, &c.

Le meſme iour á ſix heu. du ſoir la ſyzygie du Soleil auec Saturne moderera l'air : & alors Saturne Oriental. Bon temps pour commencer d'enuoyer d'enuoyer les enfans de Hermes au laboratoire.

Le 11. á ſix h. du matin á la ſyzygie de Saturne auec Mercure ſoufflera Libonotus. Couleurs & viſiós au Ciel des Philoſophes.

Le 13. á 4. heures du matin á la ſyzygie du Soleil auec Mercure continuera le ſuſdit vent : & alors Mercure Occidental. Merueille au grand œuure.

Le 16. Venus Retrograde, pluye en abódáce Muſique enragée confuſion. Et á 4. h. du ſoir

au quart aspect de Iupiter á Mercure soufflera Subsolanus. Mauuais temps pour le bain.

Premier quartier le 17. á six h. 56. m. du
soir, grande serenité. Altercation en secte
Philosophique.

Le 21. á 5. h. du soir au quart aspect de Iupiter au Soleil soufflera Auster. Plusieurs
seront saisis d'apoplexie.

Le 23. á 2. h. du matin le quart aspect de
Saturne á Mars causera foudre & tonnerre.
Ruinement effroyable.

Le 24. á 9. h. du matin au sextil aspect de
Mars á Venus, pluye vehemente. La vigne
en danger.

Pleine Lune le 24. á 10. h. 42. m. du matin le Ciel varié & barboüillé. Maçoiserie
de maltos punie.

Le 26. á 7. h. du soir á la syzygie de Venus
auec Mercure soufflera Auster, corufcations
& tonnerres.

Le 28. á 2. h. apres midy au sextil aspect
de Mars á Mercure soufflera Syriacus. Me
diocre tremblement de terre.

IVILLET.

DErnier quartier le premier á 6. h. 56.
m. du soir, pluye & tonnerre. Expe-
rience en l'Alchymie.

Le 1. á 10. h. du soir le sextil aspect de Iu
piter á Mercure mettra Phœnicias en campagne. Orateurs bien receus.

Le 7. á 9. h. du matin la syzygie du Soleil
auec Venus fera le Ciel sombre & obscur,
& alors Venus Orientale, plusieurs seront
affligez de spasme, sincope, & mal de cœur.

Nouuelle Lune le 9. á 8. h. 30. m. du soir
corruscations. Grand estonnement.

Le 13. á 11. du matin á la syzygie de Iupiter
auec Mars soufflera Subsolanus. Pacificatiõ
In libra sunt Iupiter & Mars, ergo datur pax.

Premier quartier le 17. á 32. m. du matin
beau tēps. Abondance d'Ortolans á vil prix

Le 20. á 3. h. du matin au sextil aspect d
Saturne á Mercure soufflera Libonotus
Nouuelle inuention.

Le 21. Mercure en son grand esloignemen
du Soleil causera des esclairs. Courtisan
disgratiez.

Le 22. á 2. h. du matin le quart aspect d
Mars á Venus promet de la pluie. Gentilastr
en danger de mort.

Pleine Lune le 23. á 7. h. 37. m. du soir
esclairs. Traict de valeur.

Le 27. á 3. h du soir au sextil aspect du So
leil á Iupiter soufflera Græcus. Bon temp
pour les bleds.

L

Le 29. Venus Directe moderera l'air. Arriuée d'Aromats à bon port.

Dernier quartier le 31. à 11. h. 18. min. du matin temps fauorable & gracieux. Reſiouiſſance parmy le labouratoire.

* * *

A O V S T.

L E 4. Mercure Retrograde ſera ſouffler Eurus. Comediens mal entalentes.

Nouuelle Lune le 8. à 7. h. 55. m du matin, temps bruſlant & eſtuant. Difficultez de reſpirer, & douleurs de coſté.

Le 15. à vne h. du matin au ſextil aſpect du Soleil à Mars ſoufflera Syriacus, foudre & tonnerre.

Premier quartier le 15. à 6. h. 5. min. du matin, pluye. Cruelle tempeſte. Et à 9. h. du meſme matin, le ſextil aſpect de Saturne à Mercure ſera ſouffler Maeſtrus, temps moderé vn peu.

Le 18. au poinct du matin la ſyzygie du Soleil auec Mercure ſera ſouffler Phœnicias, & pour lors Mercure Oriental. Morts ſubites.

Le 21. à 5. h. du matin, le ſextil aſpect du Soleil à Saturne cauſera vehemente chaleur, greſle & tonnerre.

C

Pleine Lune le 22. á 6. h. 42. m. du matin temps couuert. Grande dignité vacante.

Le 24. á 3. h. du matin le trine aspect de Saturne á Mars fera souffler Subsolanus. Belle montre á la vigne.

Le 28. Mercure Direct, continuation du susdit vent. Tres-grandissime resiouissance par mi les Alchimistes. Exaltation.

Dernier quartier le 30. á 6. h. 11. m. du matin, temps á souhait. Ample magnificence.

* * *

BOVRBON.

LE 5. Mercure en son esloignement du Soleil fera souffler Circius, alors l'Alcion des iardins commencera á gringoter.

Nouuelle Lune le 6. à 6. h. 20. m. du soir, temps clair & serain. Philosophe bié escouté.

Le 8. á 6. h. du soir le sextil aspect de Saturne á Mercure fera le Ciel fort moderé. Bon temps pour la chasse aux Griues.

Le 12. Venus en son grand esloignement du Soleil fera souffler Phœnicias. Secret d'importance diuulgué.

Premier quartier le 13. á 11. h. 40. m. du matin corruscations, douleurs aux hanches.

Le 17. á 8. h. du matin au sextil aspect de

Mars á Mercure foufflera Cæcias. Tremblement de terre qui donnera l'efpouuente.

Pleine Lune le 20. à 7. h. 35. m. du foir, pluye. Bon téps pour la pefche aux anchois. Le 23. à 3. h. du matin au quart afpeCt du Soleil á Saturne foufflera Aufter. Fieures peftilentes & mortalité.

Le 24. à 3. h. du foir, le fextil afpeCt de Iupiter á Venus fera fouffler Subfolanus. Le bled à bon-marché,

Le 26. à 2. h. du matin, le quart afpeCt de Saturne á Mercure caufera de la pluye & tonnerre. DeftruCtions & fubmerfions.

Dernier quartier le 28. á 11. h. 48. m. du foir, pluye. Danfe fatalle.

Le 29. á 5. h. du foir á la fyzygie du Soleil auec Mercure foufflera Subfolanus, & alors Mercure Occidental. Abondáce de Becaffes.

* * *

OCTOBRE.

LE 4. à 2. h. apres midy le quart afpeCt de Mars à Venus fera fouffler Eurus. Tripes de latin perduës.

Nouuelle Lune le 6. á 4. h. 2. m. du matin, pruine. ReCtification Philofophique. Le mefme iour á 10. h. du matin à la fyzygie de Iupiter auec Mercure foufflera Cæcias. Bon temps ferain & gaillard.

Le 8. à midy, le fextil afpect de Saturne à Venus temps fombre. Refuerie Pedentefque.

Le 12. Saturne Retrograde, menace de pluye. Philofophes dans la negligence.

Premier quartier le 12. à 7. heur. 47. minut. du foir blanche gelée, pruine, & à 9. heu. du mefme foir à la Syzygie du Soleil auec Iupiter foufflera Subfolanus, & alors Iupiter Oriental. Nobles gens doctes recompenfez.

Le 14. au premier point du matin, le trine afpect de Saturne à Mercure fera fouffler Maëftrus. Venerables curieux en la grande queftion de la Tranfmutation.

Pleine Lune le 20. à 11. heu. 56. min. du matin temps, clair & net. Alors le paffage des Oyfeaux de la haute vollerie.

Le 23. à 6. heu. du foir au trine afpect de Saturne au Soleil foufflera Cæcias. Temps excellent pour la tranfplantation.

Dernier quartier le 28. à 4. heu. 29. minutes du foir pluye. Bon temps pour les Chaffeurs aux Cheualiers & Vaneaux.

Le 31. à 10 heu. du matin au fextil afpect de Venus à Mercure foufflera Eurus, pluye corrufcation & tonnerre. Doctes recherches.

NOVEMBRE.

LE 3. à 8. heu. du matin au quart afpect de Saturne à Venus foufflera Aufter. Mauuais & dangereux temps pour les phtifiques & hydropiques.

Nouuelle Lune le 4. à 2. heu. 5. min. apres midy

verde gelée, & alors le corps de la Lune nous eclipsera
le Soleil de trois Doigts quarante trois minutes, son
commencement sera à 50. min. apres midy, son
milieu à 2. heu. 5. min. & sa fin à 3. heu. 20. min. sa
couleur sera blanchatre ; Icelle Eclipse apportera
moult grand detriment aux Mahumetans & Ca-
pharts l'espace de deux ans & demy : car toute sa
duration sera deux heures 30. min. Lisez auec dili-
gente studiosité pour vostre contentement le plus
entendu entre les doctes Docteurs, le docte Ori-
gene sur l'Astrologie du S. Patriarche Enosch , & le
tres Illustrissime Euesque Lucas Gauricus. Ie vous
renuois aussi à la docte Cabbale , où il est enseigné
que tous les Estats des Infidelles reçoiuent change-
ment, detriment ou aneantissement, selon les The-
couphes & Apocatastases celestes. Les Initiez sça-
uent que les Infidelles , notamment les Mahumetans
sont subiets au signe du Scorpion, partant en cette
Eclipse,

  Sol Turcas affligit, Luna ad Tartara mittit.
Le 7. à 4. h. du matin à la syzygie de Mars auec la
Lune soufflera Aquilo. La chasse fauorable.
  Premier quartier le 11. à 5. h. 21. m. du matin, bruine.
Bon temps pour le laboratoire des Philosophes.
Le 13. à midy vn peu plus tard, le sextil aspect de
Venus à Mercure fera souffler Subsolanus. Heureux
temps pour s'appliquer à la litterature.
Le 14. à 11. h. du soir le sextil aspect de Iupiter à Mars
causera agitation & roullement aux nuées. Iustice
contredisante aux armes.
Le 15. Mercure en son grand esloignement du Soleil
mettra Aquilo en campagne. Noblesse et abiection
litterale.

Le 18. à 10.h. du matin à l'opposition de Saturne à Mars sofflera Corus, abondance de pluye. Courtisans mal receus. Et à deux heures apres midy le sextil aspect de Venus à Mercure fera souffler Eurus. Inondations & submersions.

Pleine Lune le 19. à 6. h. 46. m. du matin, temps glacial. Et en mesme temps l'Ombre de la Terre nous eclipsera plus que totalement la Lune, sçauoir de 22. Doigts 42. minutes, son commencement d'incidence fera à 4.h. 37.m. du matin, sa submersion fera à 5. h. 43.m. son milieu à 6. h 46. m. son emersion à 7. h. 49. m. & la fin à 8. h. 55. m. sa couleur fera tres noire. Icelle Eclipse caufera grande debilité & mortalité aux quadrupedes, notamment aux bœufs, l'espace de quatre mois neuf iours, car toute sa duration fera 4. h. 18. m.

Le 25. à vne h. apres midy au trine aspect de Saturne à Iupiter soufflera Libonotus. Abondance de voltiles.

Le 26. Mercure Retrograde, continuation de ce vent. Rhetorique sans persuasion.

Le 27. à 4.h. du matin, le trine aspect de Saturne à Venus caufera de la pluye froide. Bon temps pour esmonder & retrencher les arbres fruictiers.

Dernier quartier le 27. à 7. h. 10 à 1. du matin, blanche gelée. Brigue de Magistrat.

Et à 2. h. apres midy à la syzygie de Iupiter auec Venus soufflera Subsolanus. Marchandise à vil prix.

DECEMBRE.

Nouuelle Lune le 4. à 3. m. du matin, verdglas, & alors le corps de la Lune eclipsera le Soleil à

s Antipodes de 2. Doigts 5. min. son commence-
ent sera à 12. h. 3. m. du soir, son milieu apres mi-
ct 3. m. du matin, sa fin à 1. h. 3. m. sa couleur sera
geastre. Ladite Eclipse causera infirmité aux Ze-
es espece de cheuaux de prompte course, & aux
ndes Licornes qu'ils appellent Camfurs, par l'ef-
ce de deux ans, car toute sa duration sera 2. heures.

5. à 3. h. du matin à la syzygie du Soleil auec Mer-
re soufflera Aquilo. Maladie & mort de grands mef-
ants riches.

Premier quartier le 10. à 9. h. 27. m. du soir, neige &
luye. Douleurs de vertige.

e 13. à vne h. apres midy au sextil aspect de Mars à
enus soufflera Corus. Mauuais temps pour prendre
odecine.

e 15. Mercure Direct fera souffler Aquilo. Assemblée
Prelats.

18. à vne h. apres midy à l'apposition de Saturne
u Soleil soufflera Garbinus, & en mesme temps Sa-
rne Occidental, temps bruineux & pluuieux.

Pleine Lune le 19. à 1. h. 49. m. du matin, verdglas.
olitiques en passion de langue.

23. Venus en son grand esloignement du Soleil,
mps nebuleux. Douleurs de gorge.

e 25. à 4. h. du soir au sextil aspect du Soleil à Iupiter
usflera Septentrio, aspre gelée. Resiouissance popu-
ire.

Dernier quartier le 26. à 6. h. 56. m. du soir neige,
bondance de Plouuiers à vil prix.

e 31. à 11. h. du soir à la syzygie de Mercure auec la
une soufflera Aquilo. Confederation d'Estats.

F I N.

EPITAPHIVM.

Alacris IACOBI MARTINI, qui claruit
Oxoniæ, Bononiæ, & Lutetiæ.

Vixit in Ollympo firmans Borbonia castra
Musarum MARTINVS honos, & gloria belli,
Hermes Gallorum, decus, & flos Philosophorum,
Stellarum Lector, Medicus bonus, Aulicus Heros.

PLANCTVS, ET APOTHEOSIS

Scientissimi Domni MARINI MERSENNI
Ordinis Minimorum.

Flos Monachorum, Lux, Dux, & Decus Har-
monicorum,
Rabbi MERSENNVS rapitur medica fatua
arte;
In Turbis Clarum multiscia Cabbala laudat,
Sic Medicis Planctus, mors est Sanctissima
Sancto.

www.ingramcontent.com/pod-product-compliance
Lightning Source LLC
Chambersburg PA
CBHW032257210326
41520CB00048B/5374